우리 가족을 소개할게!

귀여운 막내

쉴 새 없이 까불까불~

뿡뿡! 방귀쟁이

있는 듯 없는 듯 조용함

반짝반짝 화려한 멋쟁이

우리 집 개그맨

우렁찬 목소리

← 이미 키우고 있거나
키우고 싶은 반려동물

_____네 가족

너희 가족의 모습을
그려 봐.

'우리 가족 최고'로 6행시를 지어 보자.
우는 '우리', '우주에서', '우연히'처럼 시작할 수 있겠지?
너는 어떻게 쓸 거야?

우

리

가

족

최

고

우리 가족이 최고인 이유는?
우리 가족을 사랑하는 이유는?
모두 한마디씩 할 것!

특별한 가족 문장의 탄생

문장이란 국가나 단체, 가문 등을
나타내기 위해 만든 상징적인 그림이나
문자를 말해. 우리도 가족만의 특징을 문장으로
드러낼 수 있어. 가족의 관심사나 가훈 등을 모아서
멋진 문장을 만들어 보자.

하고 싶은 일에 도전하자!

문장에 담고 싶은 내용을 자유롭게 상상해 봐.

모이면 주로 하는 일

좋아하는 색깔

우리가 사는 곳

우리 집 가훈

그 밖의 아이디어

문장에 담을 내용을 떠올리며
멋지게 꾸미자!

_____네 문장

우리 가족의 뿌리를 찾아서

가족의 역사는 누구로부터 시작되었을까?
어른들에게 먼저 여쭤보자.
인터넷에서 족보를 찾아볼 수도 있어.

조상들이 살던 곳은 어디야?

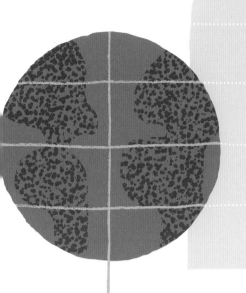

조상들에 대해 새롭게 알게 된 사실은 뭐야?

음식은
사랑을 싣고

가족의 역사에 음식이 빠질 수는 없지!

우리 가족에게 특별한 의미가 있는
음식이 있다면 그게 무엇인지 여쭤봐

우리 가족이 즐겨 먹는 특별한 음식

여기에 그려 줘

만든 사람

대대로 전해 내려오는 요리 비법

□ 있음 □ 없음 □ 모르겠음

이 음식이 특별한 이유

음식의 맛은?

□ 😝 □ 😮

□ 😐 □ 😋

만약 이 음식을 파는 식당을 차린다면
가게 이름을 어떻게 짓고 싶어?

환영합니다

전설이 된
이야기

만나기만 하면 이야기하고 또 하는 일이 있니?
아주 신기하거나 웃기거나, 엄청 놀라운 일은?
누가 어떤 일을 겪었는지, 왜 엄청났는지,
이야기를 듣고 어떤 기분이 들었는지
자세하고 생생하게 적어 봐!

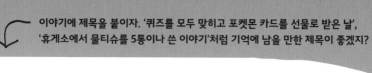

이야기에 제목을 붙이자. '퀴즈를 모두 맞히고 포켓몬 카드를 선물로 받은 날', '휴게소에서 물티슈를 5통이나 쓴 이야기'처럼 기억에 남을 만한 제목이 좋겠지?

....

우리 집
가계도

책 뒤에 있는
나뭇잎 스티커를 활용해
가계도를 완성해 봐.

색깔과 추억

어떤 색깔은 특별한 기억을 불러오기도 해.
색깔 방울을 보고 떠오르는 추억을 하나씩 적어 볼까?

이렇게 적으면 돼.

흐린 날
속초 바닷가

따다뜻한
봄날의
잔디밭

가족 규칙

꼭 지켜야 하는 가족만의 규칙이 있니?
아직 없다면 함께 규칙을 정하고 아래에 적어 봐.

서로 의견이 다를 땐 투표나 팔씨름,
가위바위보로 결정해.
정한 규칙은 여기에 적은 다음 잘라서
누구나 볼 수 있는 곳에 두자.

네 규칙

선서

우리 가족은 규칙을 지키기 위해 최선을 다한다.
만약 지키지 못했을 때는
더 잘 지킬 수 있도록 노력한다.
아주 잘 지켰을 때는 축하하고 격려한다.

서명

날짜 ....

상영 중

우리 가족의 이야기를 영화로 만든다면
어떤 이야기가 될까?

제목

출연

장르

■ 만화 영화

■ 실사 영화

■ 둘 다

줄거리

영화를 알리는 포스터를 만들어 봐!

꿀맛? 우웩?

가족이 좋아하는 음식 알아맞히기 게임을 해 보자.
그 사람은 네가 말한 음식을 꿀맛이라고 할까 아니면 우웩이라고 할까?
반응을 예상하고 답을 표시한 다음, 음식 이름을 말해 줘.
과연 난 가족의 입맛을 잘 알고 있을까? 몇 개나 맞혔니?

입맛 탐구 대상: ....   도전자: ....

버섯

- ☐ 꿀맛
- ☐ 우웩
....
- ☐ 맞았다!

핫소스

- ☐ 꿀맛
- ☐ 우웩
....
- ☐ 맞았다!

콜라

- ☐ 꿀맛
- ☐ 우웩
....
- ☐ 맞았다!

미역

- ☐ 꿀맛
- ☐ 우웩
....
- ☐ 맞았다!

볶음밥

- ☐ 꿀맛
- ☐ 우웩
....
- ☐ 맞았다!

문어

- ☐ 꿀맛
- ☐ 우웩
....
- ☐ 맞았다!

아보카도

- ☐ 꿀맛
- ☐ 우웩
....
- ☐ 맞았다!

아이스크림

- ☐ 꿀맛
- ☐ 우웩
....
- ☐ 맞았다!

된장

- ☐ 꿀맛
- ☐ 우웩
....
- ☐ 맞았다!

맞힌 개수 ....

같은 듯 + 다른 듯

나

이름 ....

나는 이렇게 달라.

친척과 대화를 나눠 보자.
자주 못 만났던 사람일수록 더 좋아.
서로가 어떤 사람인지 이야기해 봐.
이를테면…,

아침에 일찍 일어나? 밤에는 언제 자?
가장 좋아하는 책은 뭐야?
탕수육 소스는 부어 먹어 아니면 찍어 먹어?
즐겨 하는 운동은 뭐야?
어떤 동물을 가장 좋아해?

서로에 대해 알아낸 사실을 아래에 써 봐.

우리

우리는 이렇게 같아.

상대방

이름
....

상대방은 이렇게 달라.

좋은 날
그리고
아쉬운 날

오늘 하루는 어떻게 보냈어?
가족 모두에게 물어보고 아래에 적어 봐.

오늘 하루 좋았던 점은 뭐였어?
오늘 하루 아쉬웠던 점은 뭐였어?

좋았던 점

아쉬웠던 점

듣고 또 깡

우리 가족이 좋아하는 음악은 뭘까?
신나는 리듬의 댄스 음악, 여행 갈 때 차에서 듣는 최신 가요,
주말 이른 아침을 깨우는 부드러운 클래식까지 정말 다양할 거야!

우리 집 인기가요 10

1 ....

2 ....

3 ....

4 ....

5 ....

6 ....

7 ....

8 ....

9 ....

10 ....

마음을 담은
롤링 페이퍼

가족의 이름을 적고 서로 돌아가면서 들려주고 싶은 말을 적어.

"언제나 긍정적인 네가 너무 멋져!", "항상 맛있는 음식을 해 주셔서 감사합니다"처럼

따뜻한 마음을 가득 담아서 말이야.

이름

이름

이름

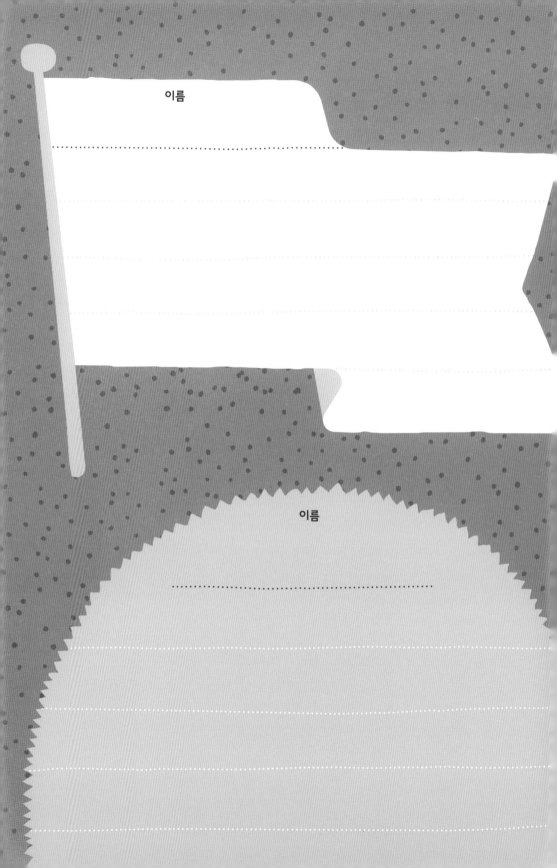

이름

이름

아주 멋진 티셔츠

가족 누구에게나 잘 어울리는
멋진 티셔츠를 디자인해 봐.

함께 만드는
이야기

한 명이 먼저 이야기를 시작하면
돌아가며 한 문장씩 덧붙여.
어떻게든 이야기를 이어 가야 해.
먼저 시작한 사람이 '이야기 끝'이라고 해야 완성이야.

ᅦ목

계속 써 보자! ⟶

이야기를 쓴 사람들

-끝-

우리 집 전통

가족이 함께 어떤 활동을 반복해서 하다 보면
특별한 추억이 쌓여. 이걸 '전통'이라고 해.
쉬는 날 온 가족이 함께하는 일, 매주 금요일 저녁에 먹는 치킨,
자기 전에 읽는 잠자리 독서 시간처럼 무엇이든 전통이 될 수 있지.

우리 가족에겐
이런 전통이 있어.

내가 새로 만들고 싶은
전통은…

안녕, 지구인?

우주선이 우리 동네에 착륙하더니 외계인이 우리 집에 들어왔어!
외계인에게 우리 가족은 어떻게 보일까?

우주여행 일지

ENTRY No. 023-7

도착지: **지구**

생명체: **존재함**

특징:

- ☐ 이상함
- ☐ 웃김
- ☐ 냄새남
- ☐ 친절함
- ☐ 시끄러움
- ☐ 활기참
- ☐ 멋있음
- ☐ ....
- ☐ ....

관찰 내용:

외계인과 어떤 이야기를 할래?

거짓

참 또는

가족에게 자신에 대한
세 가지 사실을 알려 달라고 해 봐.
멀리 있는 가족과는 전화로 해도 좋아.
이때 두 가지는 사실,
한 가지는 거짓이어야 해.
과연 어떤 게 거짓일까?
모두 함께 알아맞혀 봐.

이름

참 거짓
□ □

참 거짓
□ □

참 거짓

이름

참 거짓
□ □

참 거짓
□ □

참 거짓
□ □

이름

....

참   거짓
☐   ☐

....

참   거짓
☐   ☐

....

참   거짓
☐   ☐

....

이름

....

참   거짓
☐   ☐

....

참   거짓
☐   ☐

....

참   거짓
☐   ☐

....

이름

....

참   거짓
☐   ☐

....

참   거짓
☐   ☐

....

참   거짓
☐   ☐

....

어떤 하루

가족과 함께 시간을 보낸 날들을 떠올려 봐.
어떤 일이 일었니?

날짜

누군가 한
착한 일

저녁 메뉴

모두가 웃은 일

새롭게 시도한 일

누군가의 실수

이날 본 이상한 일

이날 하루는 정말

  끔찍했어

  이만하길 다행이었지

  괜찮았어

  좋았어 정말

 굉장했지

우리만의
비밀 수신호

우리 가족끼리만 사용할 비밀 수신호를 만들어 봐!
아래에 나온 수신호를 참고해도 좋아.

1. 주먹 인사

3. 팔랑팔랑 나비

2. 쓱싹쓱싹 톱질

5. 사랑의 총알

4. 팔씨름 악수

6. 하이 파이브

7. 사랑해!

8. 나중에 만나!

함께 정한 비밀 수신호를 여기에 그려 줘.
다른 사람에겐 절대 보여 주면 안 되겠지?

무슨 그림이 될까?

다 함께 그림을 그리자. 간단한 그림을 먼저 그리고,
다음 사람이 거기에 새로운 그림을 더해서 완전히 다르게 보이도록 하는 거야.
계속 그림에 그림을 덧붙여 줘.

농구공이 나중엔 괴물의 눈이 될 수도 있어!
독특하고 재미있는 그림으로 가득 채워 봐!

고민하지 말고
우선 그려!

최고의
주말이란
바로 이런 것

가족과 모처럼
한가한 주말을 보내게 된다면?
어떻게 해야 가장 잘 보냈다고
소문이 날까?

가고 싶은 곳

보고 싶은 것

만나고 싶은 사람

하고 싶은 일

어쩌면 일어날지도 모르는
완전 멋진 일

먹고 싶은 것

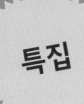

특집

우리 집 어른

와의

단독 인터뷰

기자: 어린이

날짜

어디서 태어나셨죠?

어릴 때 살던 집에 대해
이야기해 주세요.

....

제일 좋아한 과목은
뭐였나요?

....

나만큼 어렸을 때 무얼 했고 또 어떻게 지냈어요?

어떤 집안일을 도왔어요?

가장 즐겨 한 놀이는 뭐였나요?

첫 번째 직업은 뭐였어요?

가장 행복했던 어린 시절의 추억은 무엇인가요?

....

....

....

....

....

어려움을 극복한 이야기를 들려주세요.

....

....

....

....

....

어릴 때 가족과 어떤 일을 함께 했나요?

어떨 때 행복하신가요?

제게 해 주고 싶은 말이 있다면
들려주세요.

나누는 마음

만약 우리 가족이 1억 원을
기부할 수 있다면
어디에 기부하고 싶니?
그 이유는 뭐야?

당장 큰돈은 없지만
그 사람들을 돕기 위해
지금 할 수 있는 일은 무엇이 있을까?

가족 올림픽

종목

가족이 좋아하는 활동으로 정해 봐. 바둑, 오래달리기, 레고 만들기, 2인3각 달리기, 앞구르기, 댄스 대결까지 무엇이든 좋아. 진짜 겨룰 종목은 투표로 결정해.

응원 구호

날짜와 장소

참가자

간식

우승자에게 줄 메달을 그려 볼까?

인생 여행

가족과 함께 꼭 가고 싶은 장소 네 곳을 골라 봐.

그곳엔 무엇이 있을까?

여행지에 있는 우리 가족을 그려 봐.

목적지

여기 있는 스티커로
표지 안쪽에 있는 보드게임을
맘대로 만들어 봐!

웃긴
이야기 하기

가족이
함께 갔던
장소 5곳
말하기

거인의 명령이다
2칸
뒤로!

미래에
일어났으면 하는 일
세 가지 말하기

앞으로
2
칸 가기

올해 가족이랑
본 영화
세 가지 말하기
성공하면
주사위 한 번 더!

아무 노래나
부르기

오른쪽에 앉은 사람이
가장 좋아하는 사탕은?
성공하면
앞으로 1칸

"ㄱ"으로
시작하는 동물
세 가지
말하기

왼쪽에 있는 사람
칭찬하기

그리고 주사위
한 번 더!

왼쪽에 앉은 사람과
엄지손가락 씨름하기
이긴 사람 앞으로 1칸

훅~
마법의 가루!
앞으로 2칸

모두
자리
바꾸기

오른쪽에 앉은 사람과
가위바위보 하기
이긴 사람
앞으로 2칸

도깨비가 방해를?!
한 번
쉬기

일어나서 제자리돌기
3
3바퀴!

10초 안에
옛날이야기
5가지 말하기
실패하면
뒤로 2칸

10초 안에 나무
5가지 말하기
실패하면 뒤로 1칸

유니콘이
나타났다!
앞으로 1칸

꼬리가 길을 막고 있어
뒤로 2칸

출발점
으로 돌아가기

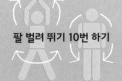
팔 벌려 뛰기 10번 하기

크아앙!
용처럼 불 뿜는
흉내 내기

굴려라
한 번 더!

이 스티커로
우리 집 가계도를
꾸미자.

로봇은
어디에
숨었을까?

타임캡슐에
추억을
담는 법

오른쪽 페이지도
함께 채워 줘.

1

캡슐로 사용할 통을 구하자.

신발 상자, 플라스틱 통, 플라스틱병처럼 뚜껑이 있어야 해.

2

내용물을 넣어.

가족과 함께 캡슐에 무엇을 담아야 의미가 있을지 의논해 봐.

예: 얼마 전 찍은 가족사진, 미래의 나에게 보내는 편지,
    여행지에서 가져온 조개껍데기나 돌멩이처럼 소중한 물건

3

잘 닫아 줘.

뚜껑을 잘 닫고
이름표를 붙여.

4

꼭꼭 숨기자.

눈에 띄지 않고 안전한 곳에 보관해야 해.
옷장 속, 지하실, 창고도 좋아.

2041년까지 열어보지 말 것

가훈 또는 가족 규칙

....

....

우리가 즐겨 듣는 음악

올해 우리 가족에게 일어난
가장 좋은 일

올해를 한 단어로 표현한다면?

우리가 사는 곳
그리기

최근에 함께 본 영화

....

별점 ☆ ☆ ☆ ☆ ☆

우리가 가장 좋아하는 음식

가장 떠들썩한 사건

라면 한 봉짓값

8888원

우리 가족 서명

소원을 말해 봐

가족과 세상을 위해 소원이 있다면, 어떤 소원을 빌고 싶니?
다른 가족에게도 물어보고 아래에 적어 보자.

우리 가족을 위한 소원

세상을 위한 소원

위 소사이어티 wee society

위 소사이어티는 디자인에 대한 감각을 키우는 데 결코 어린 나이란 없다는 생각에서 출발한 창작 스튜디오예요. 즐거움을 주는 디자인은 아이들의 상상력과 창의성을 키울 수 있다는 믿음으로 아이들을 위한 책, 애플리케이션, 장난감, 아트 프린트 등을 만들고 있어요. 아직 비밀인 프로젝트도 아주 많답니다.

위 소사이어티가 만든 디자인과 제품은 미국 비영리 학부모협회가 주관하는 '페어런츠 초이스 어워드'와 세계 최고의 웹사이트 콘테스트 시상식인 '웨비상'을 수상하는 등 유수 기관으로부터 인정을 받았어요. 또 참을 수 없이 터져 나오는 웃음과 경험을 나누는 일이 세상을 더 좋은 곳으로 바꿀 거라 믿고 있지요. 가장 좋아하는 색은 무지개색이랍니다.

weesociety.com